Alte Meister der Eisenbahn-Photographie:

Lutz Hornung

Eine akribische Dokumentation von Bauartunterschieden an deutschen Einheitslokomotiven

EISENBAHN KURIER
VORBILD UND MODELL

EK-VERLAG

Impressum

Titel
Die letzte Baumusterlok der Baureihe 01^5, 01 0504, erreicht am 1. Dezember 1972 den Bahnhof Berlin Zoologischer Garten. Als einzige Lok ihrer Unterbaureihe erhielt sie einen Giesl-Flachejektor und behielt ihre verkürzte Domverkleidung. Vor dem Führerhaus sind auch noch Verkleidungsbleche der Umlaufschürze mit „eingepolterten" Trittstufen vorhanden.

Rücktitel
Am 25. Juli 1974 verlässt 50 4053 den Bahnhof Wismar mit einem Personenzug in Richtung Bad Doberan und Rostock. Die Lok gehört zu den insgesamt 88 Maschinen der Baureihe 50^{40} die von 1956 bis 1960 beim VEB Lokomotivbau Karl Marx Babelsberg gebaut worden sind. Zwischen ihrer Indienststellung beim Bw Stralsund im Jahr 1960 und ihrer Ausmusterung beim Bw Wismar lagen lediglich 16 Jahre.

Alle Aufnahmen in diesem Buch stammen – sofern nicht anders bezeichnet – von Lutz Hornung, dessen Bildvermächtnis von Udo Steinwasser betreut wird.

ISBN: 978-3-8446-6245-0

Printed in Germany

Bearbeitung/Gestaltung: Sebastian Werner, Sven Zander
Bildbearbeitung: Sabine Ressel, Sandra Schnellbach, Stephanie Weber

Unser Gesamtverzeichnis erhalten Sie kostenlos unter
Telefon 0761-70 31 00 oder unter service@eisenbahn-kurier.de

EK-Verlag – EK Medien GmbH • Munzinger Str. 5a • 79111 Freiburg • www.eisenbahn-kurier.de

Inhaltsverzeichnis

Alte Meister: Lutz Hornung

Es war mir nur kurz vergönnt, Lutz Hornung zu begegnen. Meine spätere Frau sagte mir in unserer „Kennenlernphase", dass bereits ein Eisenbahnfotograf zu ihrer Familie gehört. Als sie den Namen Lutz Hornung erwähnte, war dies für mich kein Unbekannter. Im Gegenteil: Zahlreiche seine Aufnahmen waren mir bereits aus verschiedenen Veröffentlichungen bekannt. Umso erfreuter war ich, nun Teil seiner Familie zu sein!

Wie viele andere Hobbykollegen auch, begann sich Lutz Hornung (Jahrgang 1938, geboren in Berlin) bereits sehr früh für die Eisenbahn zu interessieren. Gefördert wurde dieses Interesse durch seinen Vater, der als Eisenbahner in Staßfurt tätig war. Es folgte der Umzug nach Berlin, wo er seine spätere Frau Elke kennenlernte. Noch vor dem Mauerbau zog ihre Familie weiter nach Regenstauf in der Oberpfalz.

Der Bau der Berliner Mauer Jahr 1961 brachte auch für Lutz Hornung einschneidende Veränderungen. Seine Heimatstadt war nun geteilt und durch die nun festgemauerte innerdeutsche Grenze fiel eines seiner Foto-Jagdgebiete in fast unerreichbare Ferne. Schon bald litt er unter der Einengung in Berlin (West) durch den Mauerbau und dessen Folgen. Erst die Annäherung beider deutscher Staaten ab Ende der sechziger Jahre und speziell der im Juni 1973 zwischen der Bundesrepublik und der DDR geschlossene Grundlagenvertrag vermochten diese Einengung zu mindern. Bei seinen Transitreisen durch die DDR machte Lutz Hornung des Öfteren einen „Abstecher" von den damals vorgeschriebenen Fahrtrouten.

Die fotografischen Aktivitäten von Lutz Hornung fanden in den sechziger Jahren, nachdem die Familie seiner Frau nach Regenstauf umgezogen war, hauptsächlich in der süddeutschen Region statt, die im Verlauf der Jahre für ihn und seine Frau zu einer zweiten Heimat wurde. Am unerträglichsten war für Lutz Hornung wohl die Zeit des fast völligen Abschlusses des Westteils Berlins, von den sechziger bis Anfang der siebziger Jahre. Dennoch – oder gerade darum – ließ er es sich nicht nehmen, in Berlin den dortigen Bahnbetrieb zu dokumentieren und bekanntermaßen auch über Grenzen hinweg zu fotografieren. Denn Lutz Hornung hatte den unnachgiebigen Drang, sich von nichts und niemanden das Fotografieren verbieten zu lassen. So ist es auch wenig verwunderlich, dass er aufgrund seines „Treibens" schnell ins Visier der Überwachungsorgane in der DDR kam. Zahlreiche Vorladungen durch die Staatssicherheit während seiner Verwandtenbesuche in der DDR zeugen davon.

Bei den Reisen zu den Verwandten ging er selbstverständlich auch in der DDR seinem Hobby nach, und lernte dabei viele Gleichgesinnte in den Bahnbetriebswerken und auf den Bahnhöfen der Deutschen Reichsbahn kennen. So entstanden intensive und langjährige Kontakte nach Thüringen, Dresden und Leipzig. Ein bekannter Dresdner Lokführer unterschrieb einst ein Bild mit den Worten: „An diesem Tag haben wir Lutz den Pannonia von Berlin nach Dresden fahren lassen." Die damalige Staatsmacht hat das zum Glück der Beteiligten nicht erfahren! Es folgten nun viele gemeinsame Besuche in den Bahnbetriebswerken Aue, Cottbus, Dresden-Friedrichstadt, Dresden-Altstadt und Leipzig-Engelsdorf. Selbstverständlich standen auch viele Bahnbetriebswerke bei der Bundesbahn hoch in seinem Interesse, zudem wurden bei regelmäßigen Urlaubsaufenthalten im bayerischen Regenstauf zahlreiche Fotografien des Eisenbahnbetriebs in der Oberpfalz angefertigt. Anfangs erfolgten die Reisen mit dem Zug. Die Möglichkeit, die Fenster zum Fotografieren zu öffnen, hat er reichlich genutzt. Bei späteren Transitfahrten mit dem Pkw wurden dann sogar Bücher während der Fahrt (!) auf der Autobahn mit ostdeutschen Eisenbahnfreunden getauscht. Solche Aktionen bei 100 km/h waren schon ziemlich wagemutig und erforderten das Mitwirken der beiden Beifahrer. Allerdings war ein Austausch, welcher Art auch im-

◁ **Bild 1**
In solchen Archivboxen ist jede Aufnahme von Lutz Hornung auf kleinen C5-Karteikarten, geordnet nach Fahrzeugnummer dokumentiert und auffindbar.
AUFNAHME: UDO STEINWASSER

Bild 2 ▷
Eine Ost-West Lokmannschaft führte mit der 01 2066 vom Bw Dresden Altstadt den D 371/370 „PANNONIA-EXPRESS" im Zuglauf von Berlin-Ostbahnhof nach Dresden-Hbf. Rudi Lehmann schrieb dazu: An diesem Tag haben wir Lutz den Zug fahren lassen.

mer, auf einem Autobahnparkplatz entlang der Transit-Autobahnen in der DDR nicht weniger gefährlich, denn diese wurden rund um die Uhr überwacht.

Lutz Hornung offenbarte sich als akribischer Dokumentarist seiner fotografischen Tätigkeit. Alle Daten zu seinen Aufnahmen sind auf C6-Karteikarten niedergeschrieben, nach Fahrzeugnummern geordnet und damit sauber dokumentiert. Dabei umfassen die jeweiligen Bildinformationen z.B. auch die Bauartunterschiede jeder einzelnen von ihm aufgenommenen Lokomotive.

Beim Fotografieren selbst lag seine Priorität klar auf der Darstellung der Maschine bzw. des Zuges in einer höchstmöglichen Qualität und Präzision. Er nutzte durchweg Agfa- und Kodak-Kleinbildfilme, wobei für ihn die Schwarz-Weiß-Fotografie als Qualitätsgarant immer Vorrang vor der Farbdia-Fotografie besaß. Lutz Hornung nutzte anfangs eine Leica-Messsucherkamera, der ab 1967 nacheinander mechanische „Highend"-Spiegelreflexkameras der Marken Nikon sowie Canon F1 mit 50 und 135 mm Festbrennweitenobjektiven folgten. Erst gegen Ende der neunziger Jahre stellte er noch einmal seine Ausrüstung auf Kameras von Leica um. Nun kamen Leica R6.2 in dem von ihm selbst gebauten Tragrahmen zum Einsatz. Dieser Rahmen, in den er vier KB-SLR-Kameras – exakt ausgerichtet – parallel auslösen konnte, war schon seit Mitte der achtziger Jahre sein Erkennungs- bzw. Markenzeichen. Dieses System ermöglichte ihm Flexibilität bei der gleichzeitig gelösten Aufnahme von vier Originalbildern auf SW und Dia Film. Diese Herangehensweise gab Lutz Hornung zugleich die entsprechende Sicherheit, dass mindestens ein Bild qualitativ makellos nach der Entwicklung ins Archiv kam.

Bei den von Lutz Hornung angefertigten Fotografien stand – wie bereits erwähnt – die Lok bzw. der Zug im Fokus. Die Landschaft um ihn herum war meist nur „schmückendes Beiwerk". Hatte er eine für sich interessante Fotostelle gefunden, wurde diese möglichst Ertrag bringend ausgekostet. Dabei suchte Lutz Hornung meist solche Stellen, die nicht gleich verortet werden konnten und bestenfalls unbekannt waren.

Lutz Hornung war – im positiven Sinne – ein Pedant. Besonders akribisch dokumentierte er die Bauartunterschiede bei den Einheitslok-Baureihen – von der 01 bis zur 52. Der Herangehensweise an die Fahrzeugdokumentation blieb er zeitlebens treu. So endete seine Aufnahmetätigkeit mit dem Ende der Dampflokzeit keineswegs. Vielmehr ging es ihm nun darum, möglichst jede Lok einer Baureihe einmal optimal fotografiert zu haben.

Nach der politischen Wende genoss er die wiedererlangte Bewegungsfreiheit. Insbesondere das Berliner Umland wurde nun wieder häufiger zum Ziel seiner fotografischen Ausflüge. Als Miteigentümer einer Fahrschule in Berlin diente dann auch schon mal eine Schulungsfahrt zum Erkunden neuer, unbekannter Motive am Berliner Außenring.

Neuzeitliche Museumsfahrten oder Sonderzüge waren jedoch nie „sein Ding". Beim Durchforsten seines etwa 75.000 Aufnahmen umfassenden Archivs wird auch deutlich, warum dies so war: Er hat fast alle heute erhaltenen Dampfloks im Betriebseinsatz erlebt. Sein dokumentarischer Ehrgeiz erstreckte sich letztendlich auf die gesamte Lokflotte beider deutscher Staatsbahnen. So verwundert es nicht, das z.B. nahezu der gesamte Einsatzbestand der E40 der DB und später auch noch der DB AG in seinem Archiv zu finden ist. Durch seine ebenfalls sehr umfangreiche Negativ-Tauschtätigkeiten sind auch viele, sehr hochwertige Schwarz-Weiß-Aufnahmen im Mittelformat bekannter, alter Meister der Eisenbahn Fotografie erhalten.

Bei der Pflege seines Archivs ist Lutz Hornung am 19. Juli 2004 bereits im Alter von 66 Jahren einem Schlaganfall erlegen. Seine Frau Elke wusste sein Lebenswerk zu schätzen und hat durch die Weitergabe verhindert, dass es nicht im Dunkel der Geschichte versunken ist. Elke Hornung dazu: „Sein eigentlicher Beruf war Eisenbahnfotograf, und nicht der, wofür er mal studiert hat!"

Dieses Buch der Reihe „Alte Meister" kann nur einen kleinen Bereich des fotografischen Schaffens von Lutz Hornung zeigen. Der Fokus der Aufnahmen liegt dabei auf den ausgehenden sechziger und bis hinein in die siebziger Jahre mit dem Schwerpunkt auf der Dampftraktion und Altbau-Lokbaureihen der beiden anderen Traktionsarten. Die Fortsetzung der Reihe mit der Dokumentation von in den siebziger und achtziger Jahren modernen Fahrzeugen und dem Schwerpunkt Bundesbahn ist für die Zukunft denkbar.

Dessau-Roßlau im Februar 2025 Udo Steinwasser

Vielfalt des täglichen Dampfbetriebs

△ **Bild 3** – Das teils familiäre Verhältnis zu Dresdner Lokpersonalen ermöglichte ausgedehnte Fototouren durch Sachsen. Am 11. Juni 1975 nahm Lutz Hornung die Görlitzer 03 2214 mit einem Schnellzug nach Görlitz in der Rampe bei Dresden-Klotzsche auf. Bemerkenswert sind insbesondere der Post- sowie der Packwagen hinter der Reko-03.

△ **Bild 4 –** Ungestörtes Fotografieren war indes hinter dem damaligen „Eisernen Vorhang" auf dem Abschnitt Bebra – Gerstungen möglich. Bis 1973 bespannten hier Erfurter 01^5 die Interzonenzüge bis Erfurt Hbf. Am 29. April 1973 erwischte Lutz Hornung den D 199 (Frankfurt/M – Frankfurt/O) mit Zuglok 01 0533 und Vorspannlok 01 0507 bei Weiterode am km 207,3.

△ **Bild 5 –** Die Strecke Dresden – Berlin hat ihren ersten langen Anstieg aus dem Elbtal heraus bei Weinböhla. Die 01 1511 (Bw Berlin Ostbahnhof) hat am 17. Juni 1974 mit ihrem langen Schnellzug den „Erlöserbaum" gerade erreicht. Die erste Schinderei für den Heizer ist geschafft. Die kohlegefeuerte 01 1511 präsentiert sich noch mit der spitzen Rauchkammertür.

△ **Bild 6 –** Ein letztes großes Einsatzgebiet fanden die Reko-03 des Bw Güsten im nordöstlichen Harzvorland. Hier bespannte 03 2235 einen Personenzug von Halberstadt in Richtung Güsten, aufgenommen am 2. Juni 1978 bei der Ausfahrt aus dem Bahnhof Frose. Die Reise in den Bag-Wagen war nicht sehr komfortabel, aber immer ein Erlebnis.

△ **Bild 7 –** Neben dem Bw Zittau in Sachsen war das Bw Roßlau mit seiner Außenstelle Dessau das letze Einsatz-Bw für die preußische P 8. Am 18. August 1967 war der Einsatzbestand der Baureihe $38^{10\text{-}40}$ (pr. P 8) noch vielfältig. Hier ist 38 2615, ausgerüstet mit Giesl-Flachejektor, alten Windeitblechen und einem Kessel ohne Speisedom, auf der Strecke Dessau – Köthen unterwegs bei Dessau-Mosigkau und wurde – von der auf den Bahnhöfen allgegenwärtigen Transportpolizei ungestört – aufgenommen.

△ **Bild 8 –** Die kleine Fotogruppe um Lutz Hornung unternahm gemeinsam auch fotografisch sehr erfolgreiche Touren durch Thüringen. Bei einem dieser Ausflüge wurde am 19. Mai 1973 die ölgefeuerte 95 0036 aus Richtung Eisfeld kommend bei der Einfahrt in Sonneberg West aufgenommen.

△ **Bild 9** – Die Außenstelle Sonneberg des Bw Probstzella setzte auf den Strecken hoch zum Rennsteig und in Südthüringen noch vollständig auf die Baureihe 95. Aus „Sumbarch" (regionaler ostfränkischer Name für Sonneberg) kommend fährt 95 0010 am 18. Mai 1973 in den Kopfbahnhof Lauscha (Thür) ein. Auch das Einfahrsignal der Bauart Jüdel war bis zum Einsatzende der preußischen T 20 noch im Einsatz und zu dieser Zeit nur noch sehr selten entlang der Strecken der Reichsbahn anzutreffen.

△ **Bild 10 –** Der Schnellzugdienst zwischen Berlin und Dresden war das hauptsächliche Einsatzgebiet der kohlegefeuerten Reko-01 vom Berliner Bw Ostbahnhof. Die 01 1506 soll seinerzeit von ihrem Stammpersonal ziemlich verhätschelt worden sein, berichtete ein Dresdner Lokführer („Die ham sogar ´n Teppich auf dem Führerstand!"). Beim Passieren der zwischen Radebeul-Naundorf und Weinböhla gelegenen Blockstelle Brockwitz zeigt sich die Lok am 16. Mai 1973 in bestechend gutem Zustand. Sie ist mit einem ČSD-Rußbläser ausgerüstet, dafür fehlt das Handrad an der Rauchkammertür.

◁ **Bild 11**
Aus dem fahrenden Zug heraus nahm Lutz Hornung am 22. September 1967 im Vorfeld des Güstener Bahnhofes die 38 4040 mit einer sehr fotogenen, preußischen Wagengarnitur auf. Rechts am Rand im Hintergrund ist der markante Wasserturm des Bw Güsten zu erkennen. Dies war kein Wasserturm im eigentlichen Sinne! Es handelte sich eigentlich um einen 50 m hohen Schornstein, an dem auf 30 m Höhe ein Wasserbehälter angebaut war. Der Schornstein führte sozusagen durch den Wasserbehälter durch! Sowohl Turm als auch Wasserbehälter wurden im Jahr 1963 errichtet.

◁ **Bild 12**
Ebenfalls auf der Durchreise konnte am 26. März 1969 die Haldenslebener Neubaulok 83 1021 bei einer Überholung in Magdeburg-Neustadt aufgenommen werden. Die kleinere Schwester der Baureihe 65^{10} bedient Güteranschlüsse im Norden Magdeburgs und bringt anschließend die Wagen zum Rangierbahnhof Magdeburg-Rothensee.

△ **Bild 13 –** Der Abschnitt Wiesenburg (Mark) – Calbe (Saale) West der „Kanonenbahn“ kreuzte in Güterglück die Strecke Magdeburg – Roßlau, aber nicht niveaugleich. Über Verbindungskurven waren beide Strecken miteinander verbunden. Von der Auffahrt zum oberen Bahnhof Güterglück („Kanonenbahn“) fällt am 20. September 1967 der Blick auf 50 3502 (Bw Güsten). Rechts neben ihr liegt das Verbindungsgleis zur Strecke in Richtung Magdeburg. Drei Jahre später wurde 50 3502 auf Ölfeuerung umbaut, erhielt die Nummer 50 0072 und ist heute im Bayerischen Eisenbahnmuseum in Nördlingen zu Hause.

△ **Bild 14 –** Das Bw Oebisfelde bediente sehr lange die Strecken der Altmark und in Richtung Magdeburg. Eine jahrelange Stammleistung der Oebisfelder 41er war auf der Strecke Magdeburg – Oebisfelde der hier zu sehende P 6454, der – mit 41 1038 bespannt – soeben aus dem Bahnhof Meitzendorf ausfährt. So aufgenommen am 20. März 1976.

△ **Bild 15 –** Auch das Bw Halberstadt beheimatete die Baureihe 03. Am Morgen des 20. April 1978 beschleunigt die mit einem 39E-Kessel rekonstruierte 03 2157 ihren aus einer Dbv-Einheit gebildeten Reisezug aus Oschersleben heraus in Richtung der damaligen Bezirkshauptstadt Magdeburg. Der örtliche Kohlenhänder erledigte den Transport seiner – selbstverständlich mit der Bahn angelieferten – Ware währenddessen mit dem Multicar.

△ **Bild 16** – Der „Reiher" rangiert in der östlichen Einfahrt des Bahnhofs Eberswalde aus Richtung Wriezen. Rangierdienst hatte am 23. Juli 1970 die behelfsmäßig umgezeichnete 52 4994. Ausgerüstet ist die Blechrahmenlok u. a. mit einem Giesl-Flachejektor der Größe 2 und einer Glocke für den Nebenbahnbetrieb.

△ **Bild 17 –** Oft herrschte im Senftenberger Braunkohlerevier „dicke Luft". Die Braunkohle mit ihrem geringen Heizwert wurde auch bei der Deutschen Reichbahn der DDR verwendet. Zu Kohlenstaub zermahlen wurde sie für die Verfeuerung in speziell dafür umgerüsteten Dampflokomotiven genutzt. Hier verlässt am 10. Juli 1968 die mit Kohlenstaub gefeuerte 52 3457 mit einem Bunkerzug voll Rohbraunkohle den Bahnhof Senftenberg in Richtung Dresden. Währenddessen wartet nebenan ein weiterer – mit Brikett beladener – Kohlenzug auf seinen Weitertransport. Im Hintergrund eine der zahlreichen Brikettfabriken in dieser Region. Die Kohle ist fast schon in der Luft zu schmecken …

△ **Bild 18** – Auch Lz-Fahrten haben ihren Reiz. Lutz Hornung begleitete am 11. Mai 1973 wieder eines seiner mit ihm befreundeten Lokpersonale. Auf der Elbe-Brücke bei Dresden-Neustadt begegnete ihm die noch weitgehend im Originalzustand erhaltene 52 5817.

△ **Bild 19 –** Der in der südlichen Ausfahrt des Bahnhofs Saalfeld in der Ortslage Köditz gelegene Bohlen – ein geologischer Aufschluss im Saaletal –, diente bereits Carl Bellingrodt als Motiv. Am 9. August 1975 wird die „rote Wand" von 95 0040 passiert, die mit dem aus einer Dbv-Einheit und einem Packwagen gebildeten P 18005 unterwegs nach Probstzella ist.

△ **Bild 20 –** In einem weiten Bogen umrundet am 10 Juli 1968 die kohlegefeuerte 44 1532 das Bw Cottbus. Damals bestand ein eklatanter Mangel an großen Tendern. Die Raw Cottbus, Karl-Marx-Stadt und Zwickau rüsteten seinerzeit eine große Anzahl preußischer Tender der Bauart 2'2' T 31,5 mit größeren Kohlekästen aus, woraufhin die Tender mit zahlreichen Loks der Baureihen 44 und 58^{30} gekuppelt wurden. Beförderungsgut im Zug der 44 1532 war – wie so oft – Braunkohle aus dem Senftenberger Revier.

△ **Bild 21 –** Eigentlich war die große Sonderfahrt am 23. September 1973 zur Verabschiedung der beiden Edelrenner der Baureihe 04 der VES-M in Halle (S) gedacht, doch 04 0022 war „unpässlich“. So bespannten an diesem Tag 04 0015 und 03 0010 abwechselnd den Sonderzug. Hier in Kirchmöser setzt sich die 04 gerade vor die einzige mit Giesl-Ejektor ausgerüstete 03^{10}. Der fünfachsige Öl-Tender der Bauart 2'3' T 38 stammte ursprünglich von der H45 024, die für die Bauteilgewinnung zugunsten von 18 201 zerlegt wurde.

△ **Bild 22 –** Neben den Baureihen 52 und 58^{10-21} (pr. G 12) erhielten auch einige Lokomotiven der Baureihe 44 eine Kohlenstaubfeuerung. Die Kohlenstaub-44er waren alle in Arnstadt stationiert. Hier verlässt am 22. September 1967 die entsprechend umgebaute 44 1481 mit einem Güterzug in Richtung Erfurt den Bahnhof Gotha. Im Hintergrund das Güterwagen-Raw.

△ **Bild 23 –** Ebenfalls in Arnstadt beheimatet waren die Neubauloks der Baureihe 65^{10}. Aufgrund der für eine Tenderlok durchaus großzügig bemessenen Vorräte an Kohle und Wasser sowie dem relativ leichten Kessel neigten die Maschinen zu einem unruhigem Lauf. Die starke Anfahrzugkraft befähigte sie aber gut für den Personenzugdienst auf Hauptstrecken. Am 9. August 1975 war die Arnstädter 65 1042 jedoch für den Güterzugdienst nach Saalfeld eingeteilt. Hier aufgenommen in der Einfahrt in Saalfeld von Bad Blankenburg kommend.

△ **Bild 24 –** Alle ölgefeuerten Reko-50 der DR wurden im meist landwirtschaftlich geprägten Norden der DDR in den Reichsbahndirektionen Greifswald und Schwerin konzentriert. Bei Prenzlau befördert 50 0062 am 17.Juni 1978 einen Getreidezug in die Hauptstadt der DDR nach Berlin.

Bild 25 ▷
Landschaftlich reizvolle Fotostellen, die nicht jeder kannte, waren die Spezialität von Lutz Hornung. Bei Elsterwerda erwartete er am 5. Mai 1976 die Vorbeifahrt von 52 5088, die sich noch beinahe vollständig im Auslieferungszustand befand.

Bild 26 ▷
Auch bei Streckenaufnahmen wurde stets die Priorität auf die Erkennbarkeit von Loknummer und weitere technischen Details des Triebfahrzeuges gelegt. Bei Böhla wurde am 17. Juni 1976 die generalreparierte 52 4533 mit einem Güterzug aufgenommen. Die vorsichtige Modernisierung dieser Blechrahmen-52 ist durch die Mischvorwärmeranlage und somit neuer Rauchkammer sowie dem Schornsteinaufsatz ersichtlich.

△ **Bild 27 –** Aus der Gegenrichtung (vergleiche auch Bild 26 auf Seite 27) wurde ein gemischter Güterzug mit 52 1032 (ex 52 032) aufgenommen. Diese noch als Lok der Baureihe 50 geplante Barrenrahmen-52 ist schon umfangreich umgebaut worden. Als sogenannte GR-52 besitzt sie einen Mischvorwärmer, einen Giesl-Ejektor, aufsteckbare Einheitsloklaternen und Achslagerstellkeile. Die Aufnahme entstand am 17. Juni 1976 bei Böhla am Strecken-km 26,8.

△ **Bild 28 –** Nicht immer war zeitlich passend zur Fototour auch entsprechendes gutes Wetter bestellt. In der Einfahrt Döbeln, im Ortsteil Gärtitz, wurde am 5. Mai 1976 die 58 3021 des Bw Riesa vor einem Ganzzug fotografiert. Auffällig an der Maschine ist der geschweißte Einheitstender der Bauart 2'2' T 34, der nicht typisch für diese Baureihe war.

△ **Bild 29 –** Ein beliebtes Fotogebiet von Lutz Hornung war die Börde. Hier war die Baureihenvielfalt besonders hoch. In der Ausfahrt Haldensleben in Richtung Oebisfelde hat er am 12. Juni 1976 die Rekolok 03 2270 fotografiert. Wie die meisten höheren Loknummern der 03 besitzt diese Maschine Griffbügel über den Loklaternen. Auch ist sie mit dem genietetenTender der Bauart 2'2' T 32 mit Kohlekasten ohne abgeschrägte Seitenwandbleche unterwegs.

△ **Bild 30** – Politische Parolen mit ins Bild zu nehmen, war nicht jedermanns Sache. Meist wurde wenig Wert darauf gelegt, den Text komplett festzuhalten. Mit 50 mm Brennweite ließ sich oftmals das Motiv nicht optisch eingrenzen, ohne den gewünschten Hintergrund zu erfassen. Am 20. Mai 1973 passiert die kohlenstaubgefeuerte 44 9116 in der nördlichen Bahnhofseinfahrt von Arnstadt soeben ihre Heimatdienststelle. Später wurde die Strecke Neudietendorf – Arnstadt, die ihr zweites Gleis 1946 als Reparationsleistung verloren hatte, erneut zweigleisig ausgebaut und sogar elektrifiziert.

△ **Bild 31 –** Bei Elsterwerda begegnete Lutz Hornung am 5. Mai 1976 erneut die Riesaer 58 3021. Sie befährt die Verbindung zwischen Elsterwerda-Biehla und dem Bahnhof Elsterwerda an der Hauptstrecke Berlin – Dresden.

△ **Bild 32 –** Hier musste man schon etwas genauer hinsehen, um zu erkennen, welche Baureihe vor dem kurzen Nahgüterzug bei Elsterwerda-Biehla gespannt war. Am 5. Mai 1976 zeigt sich die Blechrahmenlok 52 2465 mit einem Giesl-Flachejektor und dem K2'2'T 26-Tender.

◁ **Bild 33**
Als besonders charmant erwies sich der Besuch von entlegenen Schmalspurbahnen. Die Muskauer Waldeisenbahn hatte seinerzeit Heeresfeldbahnloks der Baureihe 99^{33} im Einsatz. Diese Außenrahmen-Maschinen beförderten auf 600-mm-Gleisen Holz und Torf aus den um Weißwasser liegenden Wäldern und Gruben. Bei Weißwasser Ost hat der Lokführer von 99 3313 am 14. Mai 1973 gerade sein Stullenpaket für die lange Dienstschicht gebracht bekommen.

◁ **Bild 34**
Sehr viel Glück war nötig, um den Einzelgänger 173 002 vor die Linse zu bekommen. Er sollte mit dem ersten Baumuster, dem 173 001, verglichen werden, um den Personenzugdienst im ländlichen Raum zu übernehmen. Zu einem Serienbau ist es jedoch nie gekommen. Das erste Baumuster ist noch immer als Denkmal am ehemaligen Bw Hoyerswerda vorhanden, während der „002" noch in den siebziger Jahren abgestellt wurde und mittlerweile im ehemaligen VEB Waggonbau Dessau in einem desoltaten Zustand hinterstellt ist. Die Aufnahme des 173 002 entstand am 5. Mai 1976 bei Elsterwerda.

△ **Bild 35 –** Das kleine Örtchen Hergisdorf im Mansfelder Land hatte eine eisenbahntechnische Besonderheit, die nicht einfach zu entdecken war. Ein Freileitungsmast war so konzipiert, dass er genau über dem Streckengleis Güsten – Blankenheim Trennung positioniert war. Topografisch war keine Gleisverlegung möglich, so wurde der Mast mit einer weiten Unterkonstruktion nach Muster des Eifelturms direkt in den Einschnitt gesetzt, den die Sangerhäuser 44 0504 am 21. April 1978 mit ihrem Güterzug passiert.

△ **Bild 36 –** In einem sehr guten Pflegezustand befindet sich die Oebisfelder 41 1159 am 19. April 1978, als sie mit dem P 6454 aus Magdeburg den Bahnhof Haldensleben in Richtung ihrer Heimat verlässt.

Bild 37 ▷

Östlich von Dresden-Klotzsche, an der Rampe aus dem Elbtal heraus in Richtung Görlitz, gab es einige gute Fotostellen, um hart arbeitende Dampflokomotiven erleben zu können. 50 3044 des Bw Dresden-Friedrichstadt bespannte am 11. Juni 1975 einen Ganzzug aus E-Wagen. Die Altbau-50 zeigte noch deutlich ihren Ursprung als ÜK-Lok. Besonders die eher unmotiviert gebogenen Windleitbleche hatten bald den Spitznamen „Kuchenbleche" weg.

Bild 38 ▷

Das Bw Aue war weithin bekannt als letzte Einsatzstelle der preußischen G 12. Auf der Strecke Aue – Johanngeorgenstadt zum Kamm des Erzgebirges war am 24. Juni 1976 die 58 1800 noch unentbehrlich. Mit einem aus Bag-Wagen gebildeten Personenzug nach Johanngeorgenstadt verlässt die Lok hier den Haltepunkt Erlabrunn. Diese Maschine war nach ihrer Ausmusterung im Sommer 1980 noch bis ins Jahr 1981 halbwegs vollständig vorhanden.

Berlin, die Stadtbahn und davon ausgehende Fernstrecken

△ **Bild 39 –** Stralsund war einer der am weitesten entfernten Bahnhöfe, die von Berlin aus planmäßig mit durchgehenden Zügen angefahren wurde. 03 0085 hat den Großteil ihres Weges vom Strelasund nach Berlin-Lichtenberg bereits geschafft, als sie bei Berlin-Springpfuhl am 22. November 1975 die Berliner Stadtgrenze erreicht hat.

△ **Bild 40 –** Soeben hat die Wittenberger 01 0504 den Lehrter Bahnhof in Berlin (West) passiert und überquert gerade den Humboldthafen. Bis zum nächsten Bahnhof führt die Berliner Stadtbahn direkt an den Grenzanlagen entlang zum Bahnhof Friedrichstrasse. Diese am 1. Dezember 1972 aufgenommene Seitenansicht der 01 504 zeigt deren Ausrüstung mit Giesl-Ejektor und einer Domverkleidung, die nicht bis zur Rauchkammertür reicht. Ein letzter Rest der Umlaufschürze ist in Form von Einpolterungen vor dem Führerhaus noch erkennbar.

△ **Bild 41** – Der Ex 1316 („Berlinaren") verkehrte vom Bahnhof Berlin Zoologischer Garten bis zum Berliner Ostbahnhof und von dort weiter als Ex 316 nach Saßnitz Hafen, wo die Waggons auf eine Fähre rangiert und nach Trelleborg transportiert wurden. Ziel des Zuges war Malmö. Davon noch weit entfernt war der Zug am Morgen des 16. Juli 1975, als 03 0090 des Bw Stralsund mit dem Ex 1316 die S-Bahn-Station Bellevue passierte.

△ **Bild 42 –** Die DR-Neubauloks der Baureihe 23^{10} (ab 1970: Baureihe 35^{10}) waren in und um Berlin häufig anzutreffen. Im Berliner Nordosten bringt 35 1029 am 12. Oktober 1973 auf dem gemeinsam von S-Bahn und Fernbahn genutztem Gleis bei Berlin-Buchholz einen Post-Expresszug in die Hauptstadt der DDR. Neben Vorkriegs-Packwagen ist in der Mitte des Zuges ein Doppelstock-Gepäckwagen der Gattung DDg(e) eingereiht.

△ **Bild 43** – Der Bahnof Berlin Zoologischer Garten war der Abfahrtsbahnhof der Interzonenzüge, die Berlin mit Hamburg verbanden und bis 1973 von Wittenberger 01^5 über den gesamten Laufweg befördert wurden. Am 11. November 1972 bespannte 01 0503, die noch ihre Boxpokradsätze besaß, eine solche Leistung.

△ **Bild 44 –** Neben den durchgehenden Schnellzügen in die Bundesrepublik gab es auch Autoreisezüge in Richtung Hamburg, die in Berlin-Wannsee starteten. Am 25. November 1973 hat die Wittenberger 01 0527 einen Reisezugpark am Haken und drückt ihn in das Gleis der Autoverladung in Berlin-Nikolasee.

◁ **Bild 45**
In der Berliner Wuhlheide war oft ruhiges Fotografieren möglich. Man musste nicht gleich nach der ersten Aufnahme aus Angst, verhaftet zu werden, flüchten. So entstand dort leidlich „gefahrlos“ am 20. März 1969 dieses Bild von 03 135 des Bw Berlin Ostbahnhof. Diese 03 zeigt ihre Eleganz besonders durch den kleinen Altbaukessel mit Mischvorwärmer und dem Tender der Bauart 2’2’T 32 mit vergrößertem Kohlenkasten, wie er ab 1937 gebaut wurde.

▽ **Bild 46**
In vergleichweise ähnlichem Zustand präsentiert sich am 19. Januar 1967 die in Berlin-Charlottenburg ausfahrende 03 162 (Bw Wittenberge). Sie zeigt sich mit Altbaukessel und einem Tender der Bauart 2’2’T 34 in kompletter Schweißausführung sowie Kss-Bremsausrüstung. Auffällig sind besonders die großen Ziffern auf dem Lokschild.

△ **Bild 47 –** In voller Fahrt verlässt die Wittenberger 01 0510 am 31. Januar 1972 in Berlin (West) den Düppeler Forst in Richtung Hamburg. Nach der Rekonstruktion aus 01 139 im Jahr 1963 hat diese 01^5 drei Jahre später, 1966, auch eine Ölfeuerung erhalten. Die spitze Rauchkammertür ist ihr aber erhalten geblieben.

△ **Bild 48** – Genau in die Zeit der Umstellung der Loknummern bei der Deutschen Reichsbahn auf die EDV-gerechte „Pockauer Platte" präsentiert sich hier 03 2228 am 19. September 1970 in Berlin-Karlshorst. Die noch mit Altbaukessel mit Mischvorwärmer ausgerüstete 03 verlässt Berlin südostwärts in Richtung Cottbus.

△ **Bild 49 –** Nicht ganz einfach war zu DDR-Zeiten das Fotografieren im Bahnhof Berlin Ostbahnhof, dem späteren Hauptbahnhof, schlich hier doch Trapo und Stasi permanent durch die Bahnanlagen. Besonderes Glück hatte Lutz Hornung am 25. Mai 1970, als ihm dort diese Aufnahme der noch immer kohlegefeuerten und noch nicht EDV-gerecht umgezeichneten 03 1048 des Bw Stralsund gelang.

△ **Bild 50** –Im Westteil der geteilten Stadt war das Fotografieren hingegen wesentlich entspannter. Am S-Bahnhof Tiergarten begegnete ihm am 7. April 1972 die Wittenberger 01 0504. Markant mahnt im Hintergrund die Gedächtniskirche im neu entstehenden Zentrum (West-)Berlins.

Bild 51 ▷
Auf den Fernbahngleisen der Berliner Stadtbahn passiert die Wittenberger 01 0505 mit ihrem D-Zug den S-Bahnhof Tiergarten. Die Aufnahme entstand am 18. Mai 1972.

Bild 52 ▷
Am Berliner Außenring waren das Fotografieren entspannter und dazu die Fahrzeugvielfalt im Vergleich zur „Innenstadt" wesentlich höher. Auch die Dresdner Altbau-01 – wie hier 01 2120 am 16. Juli 1975, aufgenommen am Glasower Damm – kamen dort noch planmäßig entlang.

△ **Bild 53 –** Ein sehr beliebter Fotopunkt befand sich in der westlichen Ausfahrt des Bahnhofs Berlin Zoologischer Garten, und zwar vom Parkhaus Bilka aus mit Blick auf die Bahnhofshalle. Am frühen Nachmittag konnten hier planmäßig die „Renner" mit ihren Zügen in Richtung Hamburg in großstädtischer Bebauung aufgenommen werden. Am 8. August 1970 verlässt die letzte bei der Rekonstruktion auf Kohlefeuerung verbliebene 01^5 den Bahnhof Zoo auf den Fernbahngleisen. Die frisch auf EDV-Nummer umgezeichnete 01 1518-8 besitzt noch ihre spitze Rauchkammertür.

△ **Bild 54 –** Die größere Baureihenvielfalt auf dem Berliner Außenring führte Lutz Hornung am 16. Juli 1975 zum Glasower Damm im südlichen „Speckgürtel" Berlins. Hier gelang ihm diese Aufnahme der 03 2256 (Bw Oebisfelde). Die Lok besitzt die großen Vorlaufräder mit einem Laufkreisdurchmesser von 1.000 mm und einen Rekokessel der Bauart 39E.

△ **Bild 55 –** Bis zum Jahresanfang 1981 überlebte die Wustermarker 52 2751 alle Ausmusterungswellen. Bei Berlin-Buchholz bespannte sie am 12. Oktober 1973 einen bunt gemischten Nahgüterzug. Einzig auffällig an der Altbau-52 sind die Bahnräumer und der geteile Schornstein sowie die „Kuchen(windleit)bleche".

△ **Bild 56** – In optimalem Pflegezustand verlässt die Schnellzuglok 01 533 (Bw Saalfeld) mit ihrem D-Zug nach München am 7. April 1968 den Bahnhof Berlin-Wannsee. Das ganze Umfeld und die Infrastruktur suggerierten noch alte Eisenbahnzeiten, in denen der moderne Zug aufällt. Die Lok wird den Zug bis Probstzella befördern. Es war zugleich die einzige Fahrplanperiode, in der Saalfelder 01^5 diese Transitzüge bespannten.

◁ **Bild 57**
Der Glasower Damm am Berliner Außenring war eine der von Lutz Hornung bevorzugten Fotostellen. Dort begegnete ihm am 16. Juli 1975 die mit einem Barrenrahmen ausgerüstete 52 4817 mit einem beachtlich langen Güterzug am Haken.

◁ **Bild 58**
Noch lange wurde auf den Berliner Bahnhöfen mit „alten Preußinnen“ rangiert. Hier wartet am 1. August 1970 die 55 2887 im Bw Berlin-Rummelsburg auf neue Aufgaben.

△ **Bild 59 –** Ein sehr schönes Lokportrait gelang Lutz Hornung am 7. November 1970 in der Berliner Wuhlheide, als sich dort 01 1515 des Bw Ostbahnhof im besten Licht präsentierte. Auffällig an der Lok ist die Dampfentnahmeleitung und der ČSD-Rußbläser.

△ **Bild 60** – Das Bw Berlin-Schöneweide beheimatete als Dienststelle für Güterzuglokomotiven schon frühzeitig die Rekovariante der Baureihe 52. Am 22. November 1975 zieht die Schöneweider 52 8139 einen langen Güterzug durch Berlin-Springfuhl. Im Rahmen der Rekonstruktion wurde ihr neuer Tauschkessel mit den Sandkästen von der Altbauversion ausgerüstet.

Bild 61 ▷
Nicht mehr lange währte zum Zeitpunkt der Aufnahme der Einsatz der Baureihe 62 vor den Zügen nach Erkner bei Berlin. Für die hier am 25. Mai 1970 im Bw Berlin-Lichtenberg aufgenommene 62 014 war das Ende ihres Lokomotivlebens bereits gekommen. Offiziell am 14. Mai jenes Jahres beim Bw Frankfurt (O) z-gestellt, wurde sie am 30. September 1971 ausgemustert und im November 1971 in Lichtenberg verschrottet. Auf dem Damm hinter dem Bw hat eine V 200 schon den Güterzugdienst übernommen.

Bild 62 ▷
Auf der Relation Berlin – Bautzen wurden noch bis Mitte der siebziger Jahre Schnelltriebwagen der Vorkriegsbauarten eingesetzt. Am 11. November 1972 erwischte Lutz Hornung 183 252 (Bauart Hamburg, ex SVT 137 225) bei Berlin-Hohenschönhausen. Heute steht dieser Triebwagen im Leipziger Hbf.

△ **Bild 63 –** Im Vergleich zur Dampftraktion nicht minder interessant waren die DR-Großdieselloks der Baureihe 118. Am 16. Juli 1975 wurde die farblich markante Einzelgängerin 118 070 mit einem reinen Bghw-Wagenpark am Glasower Damm im Süden Berlins aufgenommen. Sie war oberhalb des Zierstreifens bis zur Dachkante in Rot lackiert und hatte ein graues Dach.

△ **Bild 64 –** Aus der Gegenrichtung befuhr ebenfalls am 16 Juli 1975 die vierachsige 118 160 mit einem Schnellzug den Berliner Außenring. Hier passiert sie gerade Lutz Hornung an seiner bekannten Fotostelle am Glasower Damm. Man beachte die farblichen Unterschiede zur 118 070 auf der gegenüberliegenden Seite.

Berliner Porträts – über Zonengrenzen hinweg

△ **Bild 65 –** Die beste Möglichkeit in Berlin, Eisenbahnen über die Grenzbefestigungen hinweg zu fotografieren, bestand bis Mitte der siebziger Jahre an der Grenze zwischen den Stadtbezirken Treptow und Neukölln an der Abzweigstelle: „Verbindung Treptow" (Vtw). Sie stellte die Verbindung von der Görlitzer-Bahn zur Ringbahn her und war vom 6. November 1885 bis zum 30. November 2015 in Betrieb. Um auch hier die beste Fotoposition zu erreichen, hatten zwei Berliner Eisenbahnfreunde engen Kontakt zu einem Sägewerkbesitzer, der ihnen gestattete, von seinem Gelände aus Züge „im Osten" aufzunehmen. Mit Standardbrennweite wurde hier 38 3258 am 1. Juli 1968 so aufgenommen, dass einmal der gesamte Überblick bis hinüber zur Druckerei „Tribüne" der Gewerkschaft FDGB ersichtlich wird. Im Vordergrund die damals an dieser Stelle noch nicht übermäßig gesicherte Grenze zwischen Berlin (West) und Berlin (Ost).

△ **Bild 66 –** In voller Breitseite mit Teleobjektiv aufgenommen präsentiert sich 01 512 (Bw Berlin Ostbahnhof) am 13. November 1969 dem Fotografen auf der anderen Seite der Berliner Mauer. Markant zeigen sich die Boxpok-Radsätze und der noch unter dem Umlauf befindliche 400-l-Hauptluftbehälter.

△ **Bild 67 –** An der Abzweigstelle Vtw kam fast alles an Lokomotiven vorbei, was die Reichsbahn zu bieten hatte. Die hier am 3. Juni 1970 aufgenommene 39 1025 entstand 1959 aus der P10 39 113, erhielt zunächst die Nummer 22 025, um dann im Rahmen der Einführung des EDV-Nummernsystems im Jahr 1970 wieder zur 39er zu werden. Zum Zeitpunkt der Aufnahme gehörte die Lok zum Bestand des Bw Halberstadt. Aus Halberstadt kommend ist sie hier mit einem Eilzug unterwegs zum Zielbahnhof Berlin-Schöneweide. Der Einsatz dieser Baureihe dauerte zum Aufnahmezeitpunkt noch etwas über ein Jahr an. Von den noch relativ neuen Kesseln der ausgemusterten Loks sollten noch einige 03 profitieren.

Bild 68 ▷
Noch heute ist 52 360 erhalten und befindet sich im Eigentum der Stadt Goslar. Am 13. November 1969 besaß die generalreparierte 52 360 noch einen Giesl-Flachejektor.

Bild 69 ▷
Noch in einigen Berliner Bahnbetriebswerken waren preußische T 14 beheimatet, unter anderem auch in Berlin-Grunewald. Die 93 052 hat über den Innenring einige Güterwagen eingesammelt und wird diese nun nach Schöneweide bringen. Aufnahme vom 4. August 1968.

△ **Bild 70** – Auch die Hallenser Sonderlinge von der VES-M erhielten in den Pausen des Erprobungsbetriebs Auslauf vor Eilzügen nach Berlin. Hier ist es am 14. November 1968 die rekonstruierte badische IVh 18 314, die über den „Laufsteg" entlang der Grenze fuhr. Zu diesem Zeitpunkt war die Maschine bereits auf Ölhauptfeuerung umgebaut.

△ **Bild 71 –** Aus der Rbd Greifswald erreichten auch auf Ölfeuerung umgebaute Reko-50 der Bahnbetriebswerke Angermünde und Pasewalk den Güterbahnhof Berlin-Schöneweide. Hier ist die Angermünder 50 5009 am 16. Februar 1968 perfekt in der Seitenansicht abgebildet.

△ **Bild 72 –** Mit geöffnetem Regler zieht 52 1275 im flachen Licht des 11. Dezember 1968 ihren Güterzug aus Schöneweide in Richtung Norden durch Berlin. Zum Aufnahmezeitpunkt war die Maschine mit einem Giesl-Flachejektor ausgerüstet.

Bild 73 ▷

Eine große Rarität stellt die ansonsten unspektakuläre Reko-52 8094 (Bw Lübbenau) dar. Die Besonderheit ist die Kupplung der Lok mit einem Tender der Bauart K2'2'T 26, der ursprünglich bei der Baureihe 50 zum Einsatz kam. Wahrscheinlich wurde dieser Tender bei der vorigen HU der Lok kurzfristig durchgetauscht. Am 21. Februar 1968 sind die 52^{80} und ihr „spezieller" Tender in dieser interessanten Kombination verewigt worden.

Bild 74 ▷

Die Rekonstruktion vieler Baureihen bewirkte 1967 einen Aufruf an alle Bahnbetriebswerke zum Bereitstellen von überzähligen Tendern, an denen zu diesem Zeitpunkt purer Mangel herrschte. In dieser Periode der letzten Einsatzjahre der rostgefeuerten 44 erhielten viele Loks Umbautender ausgemusterter S 10. Solch einen Tender der Bauart pr 2'2' T 31,5 erhielt auch die am 11. August 1968 Lz-fahrende 44 924.

△ **Bild 75 –** Im Vergleich zu einigen bereits zuvor hier gezeigten Lokomotiven stellte die am 29. März 1968 fotografierte Roßlauer 50 3533 eigentlich nichts besonderes dar. Etwa drei Jahre nach der Aufnahme wurde sie im Raw Stendal zur ölgefeuerten 50 0059 umgebaut und anschließend im Bw Pasewalk beheimatet.

△ **Bild 76 –** Ende der sechziger Jahre war es für die Einwohner des westlichen Teils von Berlin oft schwierig, kurzfristig ins Umland zu fahren. Als gute Alternative konnte Lutz Hornung wenigsten nach Feierabend an der Grenze zu Treptow seine Bauartstudien betreiben. Die Preußin 38 3736 passiert hier die Abzweigstelle Vtw am 29. Oktober 1967. Sie besitz schon kleine, an die P 8 angepasste Wittebleche.

△ **Bild 77 –** Im Anlauf auf das Kreuzungsbauwerk an der Betriebsstelle Vtw beschleunigt 93 041 ihre Übergabe am 9. März 1969 nordwärts. In Berlin waren die T 14 zahlenmäßig häufiger anzutreffen als die T 14[1].

△ **Bild 78 –** Schon seltener ließen sich Loks der Baureihe 41 in Berlin blicken. Am 28. April 1967 präsentierte die Rekolok 41 141 des Bw Neustrelitz dem Fotografen ihre Lokführerseite.

△ **Bild 79 –** Am 17. November 1967 spannt die mit Albaukessel und Mischvorwärmer ausgerüstete 03 133 des Bw Halle P einer unerkannt gebliebenen 03^{10} vor. Im September 1969 wird 03 133 ihren alten Kessel gegen einen 39E-Kessel eintauschen und sich so zur Rekolok „verwandeln".

Bild 80 ▷

In den sechziger Jahren kamen noch regelmäßig preußische P 8 nach Berlin (Ost). Hier passiert 38 2325 (Bw Jüterbog) im Juli 1967 gerade den Abzweig Treptow. Die Lok ist bereits 1918 gebaut worden und wird bis zu ihrer Abstellung im Mai 1970 weitere drei Jahre im Betrieb sein. Anschließend diente sie noch für einige Monate als Dampfspenderin im VEB Milchhof Groß Berlin, bevor sie am 5. Januar 1971 z-gestellt wurde.

Bild 81 ▷

Die zweite große Rarität unter den 200 rekonstruierten Loks der Baureihe 52^{80} stellte 52 8020 dar. Ihr neuer Wannentender war in Stendal nicht rechtzeitig fertiggestellt worden, woraufhin sie kurzerhand für zwei Monate einen Steifrahmentender der Bauart K4 T 30 erhielt. Von Lutz Hornung wurde die Lok in Kombination mit ihrem ungewöhnlichen Tender am 22. April 1967 dokumentiert.

Porträts in Bahnhöfen und Bahnbetriebswerken

△ **Bild 82 –** Auf dem langen Zuglauf von Berlin-Lichtenberg nach Stralsund von über 250 km mussten die 03^{10} in Pasewalk bei einem Halt von nur acht Minuten Wasser nehmen. Der Erfolg dieser Aktion war auch vom Können des Lokführers abhängig, der zentimetergenau seinen aus zwölf Wagen bestehenden Zug am Wasserkran anzuhalten hatte. Dieser Akt steht dem Meister auf 03 0058 am 17. Juni 1978 unmittelbar bevor.

△ **Bild 83** – Auf einer großen Rundreise durch die Lausitz wurde auch im Bw Cottbus Station gemacht. An der Drehscheibe des alten Schuppens haben sich am 11. Juli 1968 die in Cottbus beheimateten 52 8018, 03 105 und 52 8017 versammelt und wurden von Lutz Hornung abgelichtet.

△ **Bild 84 –** Im Bw Pasewalk wurde am 23. Juli 1970 die 41 1013 des Bw Neubrandenburg in hervorragendem Pflegezustand angetroffen. Diese Maschine der Baureihe 41 hat bereits den Rekokessel 41E erhalten, ist aber noch ohne drittes Spitzenlicht unterwegs.

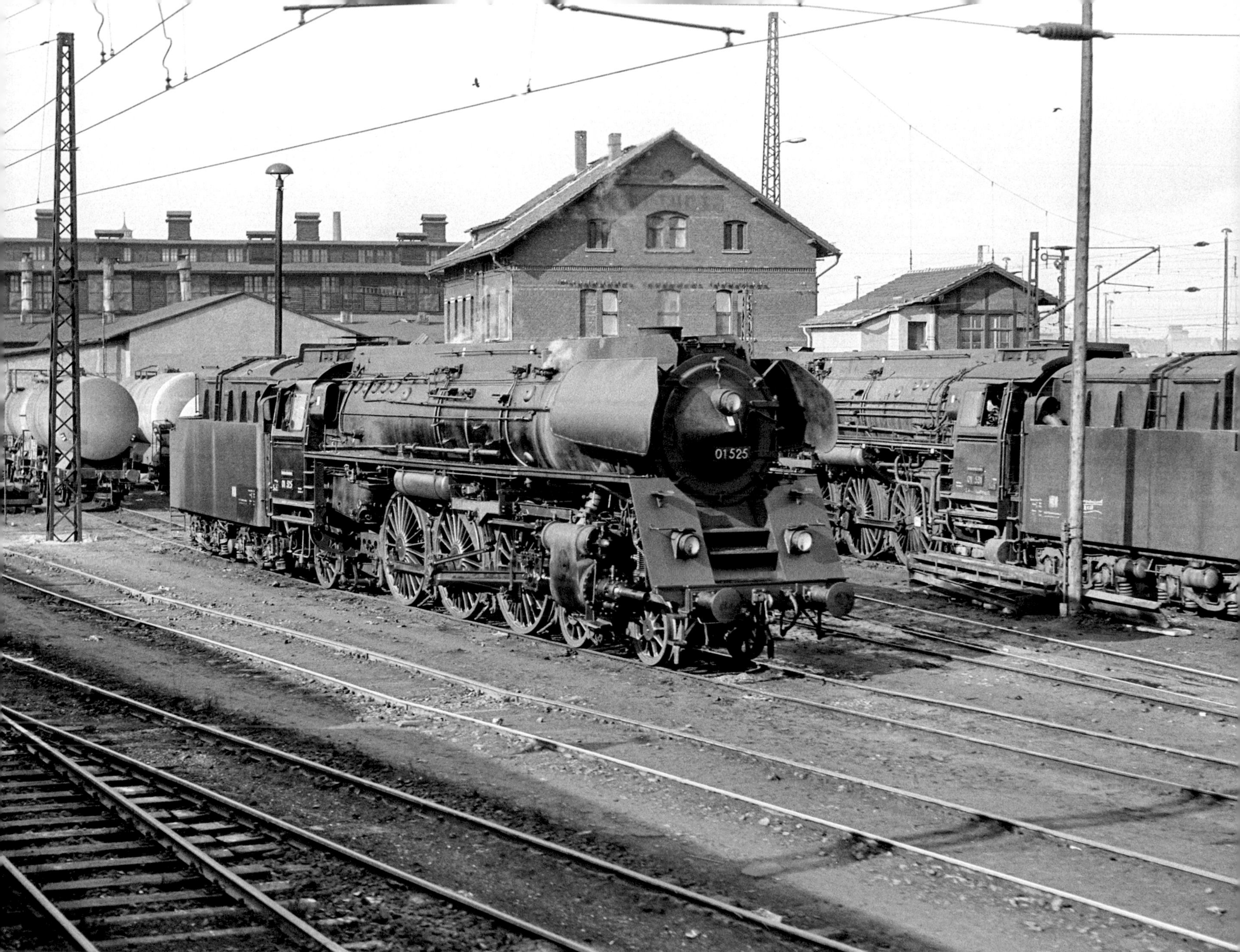

△ **Bild 85 –** Die Vorbeifahrt am Bw Erfurt P bot immer eine Überraschung. Perfekt ausgelöst, nahm Lutz Hornung dort am 6. März 1968 aus dem geöffneten Wagenfenster 01 525 und 01 531 auf. Beide Loks sind bereits seit ihrer Rekonstruktion ölgefeuert, tragen aber die Hauptluftbehälter noch immer direkt unter dem Umlauf.

△ **Bild 86 –** Zwei Lokbaureihen sind absolut typisch für das Bw Arnstadt: die Kohlenstaub-44 und die 65^{10}. Am 20. Mai 1973 sind Vertreterinnen dieser beiden Baureihen, die Kohlenstaubloks 44 9481, 44 9272, 44 9612 und die DR-Neubaulok 65 1031 um die Drehscheibe ihres Heimat-Bws versammelt. Die 44 trugen die Hauptlast im Güterverkehr über den Rennsteig nach Suhl und Meiningen, während die 65^{10} vor Reise- und (leichteren) Güterzügen vornehmlich auf den Verbindungen nach Saalfeld und Ilmenau zum Einsatz kamen.

△ **Bild 87** – Am 20. Mai 1973 kehrte 44 9506 von einer Zugleistung in ihr Heimat-Bw Arnstadt zurück und passiert dabei die 1961 in Betrieb genommene Hochbunkeranlage für Braunkohlenstaub sowie den Sandturm des Bahnbetriebswerkes. In Arnstadt waren bis ins Jahr 1973 Kohlenstaublokomotiven beheimatet.

◁ **Bild 88**
Das Bw Pasewalk beheimatete zu Beginn der siebziger Jahre zahlreiche Loks der Baureihe 52 in unterschiedlichsten Versionen. Außer diesen Maschinen wendeten und restaurierten hier regelmäßig Loks der Baureihen 03, 35^{10}, 41 und 50^{50}. Zudem waren in Pasewalk ebenfalls Vertreterinnen der Baureihe 23^{10} beheimatet – ab 1970: Baureihe 35^{10}. Zu den im dortigen Bahnbetriebswerk stationierten Maschinen gehörte u. a. die hier am 23. Juli 1970 in ihrem Heimat-Bw aufgenommene 35 1031.

◁ **Bild 89**
Noch immer nicht EDV-gerecht umgezeichnet wartet 52 1487 am 23. Juli 1970 im Bw Pasewalk auf die nächsten großen Rangieraufgaben. Extra für diesen Dienst erhielt sie den Rangierfunk-Rufnamen „Reinhold 4."

△ **Bild 90** – Im Abendlicht sonnen sich am 23. Mai 1974 die 44 0305 und 41 1126 im Bw Meiningen. Während die Baureihe 44 die Hauptlast des Güterverkehrs über den Rennsteig nach Erfurt zu bewältigen hatte, blieb auch für die 41 noch ein reiches Betätigungsfeld auf der Werrabahn nach Eisenach sowie nach Eisfeld übrig. Die Lokomotive der Baureihe 41 zeigt sich in rekonstruiertem Zustand mit dem genieteten Tender 2'2' T 32. Jahre später wurden viele Tender dieser Bauart im Raw Meiningen zu Schneepflügen umgebaut.

△ **Bild 91 –** Das Bw Güsten mit seinen Einsatzstellen in Köthen und Staßfurt beheimatete Ende der sechziger Jahre noch einige Lokomotiven älterer preußischer Bauarten. Im Bahnhof Biendorf – zwischen Bernburg und Köthen gelegen –, war am 19. August 1967 die pr. G 10 57 2619 anzutreffen. Die Zuglok des Zuges, in welchem Lutz Hornung reiste, war vermutlich eine preußische P 8.

Bild 92 ▷
Was ist denn das? Das Erscheinungsbild der hier in ihrem Heimat-Bw Cottbus am 11. Juli 1968 aufgenommenen 52 1962 ist schon relativ einmalig: Die Lok besitzt einen Barrenrahmen, einen Oberflächenvorwärmer, eine schmale „Schürze", Scheibenräder in der Vorlaufachse und sie ist mit einem Steifrahmentender der Bauart K 4 T 30 gekuppelt. Der höhergelegte Umlauf verrät, dass es sich bei 52 1961 um eine ehemalige Kondenslokomotive handelt.

Bild 93 ▷
So sieht ein gefüllter Güterbahnhof mit abwechslungsreichem Betrieb aus! Und mittendrin steht die Cottbuser 52 8058. Am 10. Juli 1968 geht der Blick über den Senftenberger Güterbahnhof, auf dem – wie auf allen Güterbahnhöfen bei der Deutschen Reichsbahn – richtig viel Betrieb ist. Bahnalltag im Jahr 1968!

△ **Bild 94 –** Bis Mitte der siebziger Jahre bildeten die G 12 das Rückgrat im Güterverkehr im Erzgebirge rund um das Bw Aue. Die 58 1345 befördert am 24. Juni 1976 einen typischen Nahgüterzug durch Schwarzenberg-Neuwelt in Richtung Aue. Heute unvorstellbar ist der damals bestechend gute Zustand des Bahnsteigs und seiner Beleuchtung.

△ **Bild 95 –** Neben den Schlepptenderloks der Baureihe 58^{10-21} (pr. G 12) war auch die Baureihe 86 in großer Anzahl im Bw Aue vertreten. Allerdings: Die Ablösung der Dampftraktion war in Form der Baureihe 110 am 10. Mai 1975 schon eingetroffen. Weder das Personal der 86 1411 noch jenes der 110 773 hat die Schmuckelemente – DDR- und Arbeiterfahne – von seiner Lok entfernt. Vom 1. Mai, dem „Internationalen Kampftag der Arbeiterklasse", bis zum 8. Mai, dem Tag der Befreiung vom Hitler-Faschismus, war das Anbringen von derlei Fahnenschmuck an den Lokomotiven fast schon eine Pflicht.

◁ **Bild 96**
Lutz Hornung hat am 11. Juli 1968 im Bw Cottbus eine weitere ehemalige Kondenslok fotografiert: 52 2011. Auch diese Maschine besitzt einen Barrenrahmen, einen Oberflächenvorwärmer und den K 4 T 30-Tender. Der Umlauf befindet sich allerdings bei der Maschine an der „normalen" Höhe.

◁ **Bild 97**
Ein Besuch des Bahnhofs Cottbus durfte natürlich auch nicht fehlen. Am 22. Juli 1970 drückte Lutz Hornung bei der Lz-fahrenden 38 2385 auf den Auslöser seines Fotoapparates. Die Lok hatte schon die gefälligen kleinen Wittebleche erhalten. Der Wasserturm im Hintergrund gehörte zum Raw Cottbus.

△ **Bild 98 –** Eine Nebenbahn in Anhalt war der Anziehungspunkt für Freunde von kleinen preußischen D-Kupplern. Noch über ihre gesamte Länge wurde damals die Strecke Dessau – Wörlitz – (Gorau-Rehsen) mit der Baureihe 92^{5-11} (der preußischen T 13) bedient. Am 21. August 1967 hat 92 607 ihren Personenzug nach Wörlitz gebracht und setzt jetzt für die Rückfahrt nach Dessau (Wörlitzer Bf) um. Der Reiseverkehr wurde hier 1968 eingestellt und im Mai 1982 als Saisonbetrieb wieder eröffnet. Der fußläufig vom Bahnhof Worlitz erreichbare, ab 1769 im englischen Stil angelegte Wörlitzer Park ist seit dem Jahr 2000 Teil des UNESCO-Weltkulturerbes.

△ **Bild 99 –** Faktisch auf der Durchreise nahm Lutz Hornung im Bahnhof Göschwitz an der Saalebahn 44 722 auf. Sie rangierte zu dieser Zeit ihren Güterzug zusammen. Auffällig an dieser 44er sind der fehlende Speisedom und der Umbautender pr 2'2' T 31,5 mit Gleitlagern. An jenem 5. Mai 1968 war die Lok noch ohne drittes Spitzenlicht unterwegs.

△ **Bild 100** – Sehr rar sind Aufnahmen von Loks der Baureihe 78^{0-5} (pr. T 18) mit EDV-Beschilderung. Üblicherweise erhielten alle Länderbahnloks der DR zur Umzeichnung nur ein einziges neues Lokschild für die Rauchkammer. Die Kontrollziffer wurde bei diesen Maschinen an den Schildern am Führerstand und am Kohlekasten nur manuell mit Farbe nachgetragen. Am 23. Juli 1970 entstand diese Aufnahme der so umgezeichneten 78 1240-7 (78 240) im Bw Pasewalk.

△ **Bild 101 –** Die 35 1081 (Bw Halberstadt) hat am 19. Juli 1975 einen Eilzug von Halberstadt nach Magdeburg Hbf gebracht und fährt nun zum Drehen und Restaurieren in den Betriebsteil Hauptbahnhof des Bahnbetriebswerkes Magdeburg. Bereits Mitte der siebziger Jahre begann der Stern der 35^{10} zu sinken. Im Sommer 1975 war hier der Anblick der DR-Neubaulok aber noch täglich zu erleben.

△ **Bild 102** Ein schönes Portrait der 58 1522 fertigte Lutz Hornung am Nachmittag des 10. Mai 1975 im Bw Aue an. Noch waren die preußischen G 12 im Erzgebirge unentbehrlich. Gern hätte das Bw Aue auch die Reko-Version, die 58^{30}, eingesetzt, doch passte diese partout nicht auf die dort vorhandene, zu kleine Drehscheibe. Genau dieser Sachverhalt führte zum lange anhaltenden Einsatz der bereits „betagten" G 12. Die später hier beheimateten 50^{35} mussten aus demselben Grund in eine Richtung immer rückwärts fahren.

△ **Bild 103 –** Bis zum Ende des durchgängigen Betriebes auf der Halle-Hettstedter Eisenbahn waren auf ihr die Dampfloks der Baureihe 86 im Einsatz. Die Ablösung durch die Dieseltraktion kam erst nach der abschnittsweisen Stilllegung der Strecke zustande. Gefahren wurde aus der Mitte heraus, wobei sich der betriebliche Mittelpunkt in Gerbstedt befand. Vor dem dortigen Lokschuppen warten am 6. August 1975 die 86 1722 und 86 1738 auf ihre nächsten Dienste. Hinter 86 1722 steht noch eine weitere Vertreterin dieser Baureihe im Schuppen.

△ **Bild 104 –** Letztes Einsatzgebiet der sächsischen XI HT, seit 1925 als Baureihe 94^{19-21} bezeichnet, war der Steilrampenbetrieb in Eibenstock. Auf der Steilstrecke zwischen dem unteren und dem oberen Bahnhof mussten alle Züge bergwärts geschoben werden. Das sah die Steilstreckenvorschrift für diese nur 3,2 km kurze Verbindung, auf der allerdings 128 Höhenmeter überwunden werden mussten, verbindlich vor. Am 5. Oktober 1975 wurde die Strecke stillgelegt und wenig später abgebaut, bevor ihre Reste in der Talsperre Eibenstock versanken. Fünf Monate vor der Betriebseinstellung nahm Lutz Hornung am 10. Mai 1975 in Eibenstock oberer Bahnhof 94 2080 auf.

◁ **Bild 105**
Die Prignitz war – ebenso wie die Altmark – sehr ländlich geprägt. Die relativ selten verkehrenden Personenzüge wurden oft mit kleinen Maschinen bespannt. Hier ist es 64 1400 des Bw Wittstock (Dosse), die am 24. Juli 1970 einen komplett aus „Donnerbüchsen" gebildeten Personenzug aus dem Bahnhof Pritzwalk heraus beschleunigt und dabei die Anlagen des Bw Pritzwalk passiert.

◁ **Bild 106**
Großes Glück hatte der Fotograf am 5. Mai 1968 bei der Durchfahrt durch den Bahnhof Göschwitz, denn just in diesem Moment rangierte dort 56 2009 – eine der letzten Vertreterinnen der preußischen Gattung $G8^2$ bei der Deutschen Reichsbahn – am nördlichen Bahnsteigende des Bahnhofes.

△ **Bild 107** Äußerst elegant wirkten die Loks der Baureihe 41, die einen Nachbau Ersatzkessel von Schwermaschinenbau „Karl Liebknecht" (SKL) in Magdeburg erhalten hatten. Die mit diesem Kessel und einem Oberflächenvorwärmer ausgestattete 41 1005 (Bw Stendal) hat gerade einen Personenzug von Stendal nach Magdeburg Hbf befördert und fährt nun zum Restaurieren in den Betriebsteil Hbf des Groß-Bw Magdeburg. Die Aufnahme gelang Lutz Hornung am 20. März 1976.

△ **Bild 108 –** Wenn beide noch dürften, wäre es auch heute noch möglich, diese Mallets der Baureihe 99^{59} auf der Selketalbahn zu erleben, denn beide Maschinen sind erhalten geblieben. Am 4. Mai 1978 gelang es Lutz Hornung, 99 5901 und 99 5902 nebeneinander im Bahnhof Alexisbad anzutreffen. Nach der Pause zum Wassernehmen fand hier oftmals eine Doppelausfahrt der Züge nach Straßberg und nach Harzgerode statt.

△ **Bild 109 –** Der Bezirk Cottbus war der „Energiebezirk" in der DDR, denn die in der Lausitz vorhandenen Braunkohlevorkommen sorgten dafür, dass dort die größten Energiekraftwerke entstanden. Aus der Rbd Cottbus wurden täglich unzählige Kohleganzzüge in die Republik gefahren. Mit einem solchen Zug am Haken ist hier 44 1532 zu sehen, die am 2. Juli 1968 den Cottbuser Bahnhof in südlicher Richtung verlässt und dabei das markante Stellwerk B23 passiert. Interessant ist die Kupplung der Lok mit einem Umbautender. Rechts im Hintergrund steht die moderne Traktion in Form von V 180 290 und V 60 1159.

△ **Bild 110 –** Das zweite Bw bei der Deutschen Reichsbahn, welches Kohlenstaublokomotiven einsetzte, war das Bw Senftenberg. Hier waren ausschließlich 52er mit dieser Feuerungsart beheimatet. Am 15. Juni 1975 führte 52 9653 die Parade an der Drehscheibe an, bei der links im Hintergrund auch 52 9762 und 52 9457 teilnahmen. Deutlich ist bei 52 9653 der Umbau des Führerhauses zur Kupplungsmöglichkeit mit dem großen Kohlenstaub-Wannentender erkennbar. Extra zur Beförderung des Kohlenstaubs in die Feuerbuchse erhielten diese Loks eine zweite Luftpumpe auf der Heizerseite. Beide Strahlpumpen verblieben baureihentypisch zur Kesselspeisung auf der linken Seite.

Bild 111 ▷
Mit einem D-Zug aus Berlin erreicht 03 2295 des Bw Leipzig Hbf West am 26. Juli 1976 den Leipziger Hauptbahnhof. Die 03 präsentiert sich als typische Rekolok mit einem Kessel der Bauart 39E. 03 2295 ist erhalten geblieben und steht heute im Bahnpark Augsburg.

Bild 112 ▷
Im Staßfurter Güterbahnhof startet die Rekolok 50 3695 mit ihrem Güterzug in Richtung Güsten. Die mit einem Giesl-Flachejektor ausgerüstete Maschine der Baureihe 50^{35} war von 1971 bis 1987 im Bw Güsten beheimatet. Die Aufnahme entstand am 24. April 1978.

△ **Bild 113 –** Anscheinend wartet die Mannschaft von 64 1185 (Bw Jerichow) noch immer auf den neuen Schildersatz mit den EDV-Nummern für ihre Stammlok. Vorsorglich wurde die neue Nummer 64 1185-4 aber bereits mittels Schablone auf die Rauchkammer „gemalt". Hier steht die Lok am 22. Juli 1970 im Bw Brandenburg und wird für die nächste Leistung vorbereitet. Nach dem Ausschlacken steht nun noch das Ausspritzen des Aschkastens an.

△ **Bild 114** – Stolz präsentiert das Personal seine herausgeputzte rekonstruierte 03 2133 am 13. Mai 1973 im Bw Frankfurt (Oder). Sogar die Stangen wurden in „Bellingrodt-Stellung" gefahren. Für das Baulos typisch besitzt die Maschine die kleinen Vorläufer und Griffstangen auf der Pufferbohle.

◁ **Bild 115**
Im Bahnhof Aue hat 58 1345 am 24. Juni 1976 einen Güterzug nach Johanngeorgenstadt bespannt, der Heizer hat das Feuer beschickt und nun wird vor der Abfahrt „Dampf gekocht". Damals waren noch sehr umfangreiche Eisenbahnanlagen in Betrieb. Heute ist Aue zu einem Haltepunkt mutiert und sämtlicher Güterbehandlungsanlagen beraubt.

◁ **Bild 116**
Eine sehr auffällige Altbau-52 war 52 1976. So hatte die ehemalige Kondenslok mit Barrenrahmen einen Oberflächenvorwärmer mit zugehöriger Knorr-Speisepumpe, einen Giesl- Flachejektor und – völlig untypisch für eine 52 – sogar aufsteckbare Einheitsloklaternen. Als die Lok am 23. Juli 1970 im Bw Pasewalk von der Drehscheibe fuhr, war die Kontrollziffer der EDV-Nummer an der Rauchkammer nur aufgemalt.

△ **Bild 117 –** Im Bahnhof Pasewalk rangiert die Angermünder 50 0037 ihren Güterzug zusammen. Auffällig war bei einigen Reko-50 mit Ölfeuerung das Weglassen des mittleren Schrägblechs unter der Rauchkammer. Bei einer Öllok kann ja schließlich keine Lösche die Zylinder verschmutzen. Aufgenommen wurde sie am 17. Juni 1978.

△ **Bild 118 –** Im Bahnhof Senftenberg steht die mit kleinen Wagner-Windleitblechen ausgerüstete 38 3664 (Bw Cottbus) am 10. Juli 1968 mit einem stilreinen Abteilwagenzug in Richtung Cottbus zur Abfahrt bereit. Die hohe Loknummer belegt auch der Kessel mit einem Baujahr nach 1914 ohne Speisedom. Eine neuere Ausrüstung ist dagegen der Giesl-Flachejektor.

△ **Bild 119 –** Auch zahlreiche Rekoloks der Baureihe 52^{80} erhielten den Giesl-Ejektor, von dem die DDR eine Nutzungslizenz über 700 Stück aus Österreich erworben hatte. Die Kohleersparnis betrug beim Rekokessel bis zu 15 %. Am 13. Mai 1973 präsentierte das Personal seine 52 8021 im Bw Frankfurt (Oder) im besten Licht dem Fotografen.

◁ **Bild 120**
Nur ganz wenige 03 sind mit den hier zu sehenden Bauartänderungen nachgewiesen. Am 25. Mai 1970 zeigt sich 03 2172 im Bw Berlin-Lichtenberg mit einem im Schwermaschinenbau „Karl Liebknecht" (SKL) in Magdeburg gefertigten Nachbaukessel, dem dafür untypischen Mischvorwärmer, einem genieteten 2'2' T 32-Tender und großen Vorlaufradsätzen mit 1.000 mm Laufkreisdurchmesser.

◁ **Bild 121**
In ihrem letzten Jahr im Plandienst erreichte 204 001 (bis 1970: E04 01) noch des Öfteren die Stätte ihrer langjährigen Instandhaltung. Anlässlich des 50-jährigen Bestehens des Raw Dessau bespannte die E 04 – gemeinsam im Umlauf mit E 18 31 – planmäßige Personenzüge in der Relation Leipzig Hbf – Dessau Hbf. Am 21. September 1979 fährt sie aus dem Haltepunkt Dessau Süd aus, der unmittelbar gegenüber dem Raw Dessau errichtet wurde.

△ **Bild 122 –** Im Bw Dresden-Altstadt wurde 52 1142 am 10. Juni 1975 extra in Fotoposition gefahren. Als Bauartänderungen fallen der Giesl-Ejektor, die „Kuchen(windleit)bleche“ sowie der ungeteilte Schneepflug auf.

△ **Bild 123 –** Die Nachfolge der Baureihen 58^{10-21} (pr. G 12) und 86 trat in Aue die Diesellokbaureihe 110 an. Allerdings reichten im Einsatz vor den schweren Uranerzzügen häufig nur zwei 110 aus, um eine 58 zu ersetzen. Am 10. Mai 1975 zeigt sich die erst im Februar jenes Jahres in Dienst gestellte 110 773 in ihrem Heimat-Bw Aue.

△ **Bild 124 –** Zu den planmäßig erreichten Wendebahnhöfen der Leipziger E 04 gehörte der Hauptbahnhof von Magdeburg, den 204 015 (bis 1970: E04 15) am 6. August 1975 mit einem Personenzug nach Leipzig Hbf West über Dessau verlässt.

Entlang von DB-Gleisen, mit Dampf, Diesel und Strom

△ **Bild 125 –** Am 19. Februar 1970 legt die Hofer 001 173 mit ihrem Nahverkehrszug in Maxhütte-Haidhof einen Halt ein. Während der Fahrgastwechsel stattfindet und am Gepäckwagen noch be- und entladen wird, bereitet das Lokpersonal die Weiterfahrt vor. Der Rauch aus dem Schornstein verrät, dass der Heizer das Feuer frisch beschickt hat.

△ **Bild 126 –** Am bekannten Block Streitmühle, an der Schiefen Ebene gelegen, rollt 001 150 mit ihrem Schnellzug am 5. Mai 1973 talwärts auf Neuenmarkt-Wirsberg zu.

△ **Bild 127 –** Der 5. Mai 1973 war ein ergiebiger Fototag an der Schiefen Ebene. Der nächste Talfahrer war doppelt bespannt mit den beiden Lokomotiven 001 008 und 001 088. Aufgenommen wurde der Zug von Lutz Hornung am Streckenkilometer 78,5. Beide 01 behielten bis zu ihrer Abstellung ihre Originalkessel.

△ **Bild 128 –** Weit im Norden bespannten die Loks der Baureihe 44 schwere Erzzüge im Emsland. Bei Mehringen, in der südlichen Ausfahrt von Emsbüren, wurde 043 746 (ex 44 1746) am 21. September 1974 aufgenommen. Eine einzelne 44 konnte bis zu 25 beladene Erzwagen befördern – alles weitere benötigte eine Vorspannlok. Die ölgefeuerte 44 besitzt ein sogenanntes Norweger-Führerhaus ohne vorderes Seitenfenster.

△ **Bild 129 –** Die Emslandstrecke war nur abschnittsweise zweigleisig ausgebaut. Am 21. September 1974 rauscht 012 075 bei Elbergen, etwas weiter nördlich von Mehringen gelegen, durch einen eingleisigen Abschnitt in Richtung Emden.

Bild 130 ▷
Auf der Suche nach alten Preußinnen wurde Lutz Hornung auch bei der Bundesbahn noch fündig. Im Bw Gremberg entstand im schönsten Nachmittagslicht des 29. September 1970 diese Aufnahme der 055 455 (ex 55 4455). Auf dem Kessel hat man zu Gunsten des Speiseventils den vorderen Sandkasten bis an die Rauchkammer versetzt.

Bild 131 ▷
094 567 (ex 94 1567) wurde in nahezu idealer Porträtposition am 24. September 1972 im Bw Seesen aufgenommen. Erstaunlich für eine DB-094 ist der Schornstein noch mit Aufsatz versehen. Die nachgerüsteten Rangiertritte an der vorderen Pufferbohle sind eine typische DB-Zutat, ebenso das fehlende Handrad des Zentralverschlusses an der Rauchkammertüren.

△ **Bild 132** – Im Südosten der Bundesrepublik wurden im Sommer 1974 noch viele Güterzüge mit Dampf bespannt. Hier ist es die kohlegefeuerte 044 618 des Bw Weiden, die am 20. August jenes Jahres einen gemischten Güterzug von Regensburg in Richtung Schwandorf befördert. Die Aufnahme entstand am Strecken-km 10,5 bei Zeitlarn.

△ **Bild 133** – Mit gut ausgelegter Steuerung durchfährt 044 276 am 11. August 1973 den Bahnhof Regenstauf. Erst 1971 war ihre Frontschürze entfernt worden. Die Lok wurde im Oktober 1975 beim Bw Weiden ausgemustert und wechselte anschließend in den Bestand des Deutschen Dampflokomotiv-Museums in Neuenmarkt-Wirsberg, wo sie noch heute besichtigt werden kann.

◁ **Bild 134**
Leichtes Spiel für die Hofer 001 111 am 11. August 1973: Ohne Mühe beschleunigt sie an jenem Tag einen Nahverkehrszug nach Regensburg aus dem Bahnhof Regenstauf-Wiesberg hinaus. Das Umfeld sieht im Vergleich zur Neuzeit sehr sauber und aufgeräumt aus. Heute sucht man diesen Bahnhof vergeblich, denn er ist mittlerweile zur Gänze verschwunden. Nicht verschwunden ist derweil 01 111! Als letzte ausgemusterte Altbau-01 bei der Bundesbahn kam sie 1975 in die Fahrzeugsammlung des DDM in Neuenmarkt-Wirsberg und kann dort – mit großen Wagner-Windleitblechen ausgerüstet – besichtigt werden.

◁ **Bild 135**
Im Bw Rheine wird am 6. August 1971 die kohlegefeuerte 044 664 für ihren nächsten Dienst angeheizt. Das Feuer in der Feuerbuchse scheint gut zu brennen und der Mindestdruck für die Pumpen dürfte mittlerweile auch schon erreicht sein. Das Bw Rheine entwickelte sich Anfang der siebziger Jahre zunehmend zum „Mekka" der Dampflokfreunde, denn die dort beheimateten 01^{10}, 41 und 44 kamen auf der Emslandstrecke vor hochwertigsten Schnell- bzw. schweren Güterzügen zum Einsatz. Die hier abgebildete 44 664 wurde im März 1974 beim Bw Emden ausgemustert.

△ **Bild 136 –** Am 5. Mai 1973 kämpft sich die Hofer 052 817 (ex 50 2817) die Schiefe Ebene am Streckenkilometer 78,5 hinauf nach Marktschorgast. Gebaut als ÜK-Lok besitzt sie einen Ersatzkessel von der Baureihe 52, gespendet von 52 7120. Außerdem wurde sie mit einem Umbautender mit Kabine gekuppelt. Mit dem so verlegten Platz des Zugführers konnte viele Güterzug-Packwagen eingespart werden. Es ist übrigens eine der letzten Aufnahmen der Lok im Betriebsdienst, denn wenige Wochen später wurde 052 817 bei einem Unfall derart beschädigt, dass im August 1973 ihre Ausmusterung erfolgte.

△ **Bild 137 –** Mit einer „langen Leine“ wurde die Weidener 044 247 am Strecken-km 12,4 bei Laub, einem kleinen Örtchen bei Regenstauf, am 10. August 1974 abgepasst.

△ **Bild 138** – Mit „Maulach, km 36" hat Lutz Hornung diese Fotostelle bezeichnet. Dabei handelt es sich um die lange Gerade hinter der südlichen Ausfahrt von Schwandorf in Richtung Regensburg. Hier konnten die Vorspannlok 050 319 und die Zuglok 052 175 (ex 50 2175) vor einem schweren Güterzug aufgenommen werden. Den Tauschkessel von einer Lok der Baureihe 52 hätte man eher auf 052 175 vermutet, die mit einem Originalkessel mit Speisedom ausgerüstet ist. 50 319 ist mit einem Kabinentender gekuppelt, ihre Schrägbleche haben beide Maschinen längst verloren.

△ **Bild 139 –** Mit einem sehr markanten Erscheinungsbild kommt 044 434 daher, besitzt sie doch noch die seitlichen Schrägbleche und eine aus Blech gefertigte Verkleidung der Einströmrohre. Aufgenommen wurde sie am 23. September 1975 an der sehr schönen Fotostelle bei Ertinghausen (zwischen Northeim und Ottbergen) im Weserbergland. Zum Zeitpunkt der Aufnahme befand sich 44 434 im Bestand des Bw Ottbergen, wechselte dann im August 1976 zum Bw Gelsenkirchen-Bismarck, wo sie im Mai 1977 ausgemustert wurde. Anschließend erwarb ein Loksammler diese Maschine und ließ sie nach Hermeskeil überführen. Dort steht 44 434 noch heute.

△ **Bild 140 –** Nicht allzu oft waren die noch fast neuen 211 in den siebziger Jahren vor Güterzügen zu finden. Am 9. August 1973 beförderte 211 302 jedoch einen solchen Güterzug in südlicher Richtung fahrend auf der Strecke Weiden – Regensburg, hier aufgenommen bei Anbauernloh. Diese abgelegene und schwer zu findende Fotostelle hat Lutz Hornung oft aufgesucht, bot sie doch die Möglichkeit, am Nachmittag in beide Richtungen zu fotografieren.

△ **Bild 141 –** Relativ selten nahm Lutz Hornung an Sonderfahrten teil, war ihm doch ob des Massenauflaufs kein ruhiges Fotografieren möglich. Die große Abschiedsfahrt der badischen IV h, mit 018 323 am 15. Juni 1969, wollte er sich aber trotzdem nicht entgehen lassen. Die Aufnahme zeigt den Abschiedszug auf dem Viadukt an der Einfahrt in Altenbeken aus Richtung Paderborn.

△ **Bild 142 –** Recht modern kommt am 22. April 1975 der Nahverkehr der Bundesbahn daher. An den Industrieanlagen in Regensburg Ost vorbei ist 218 242 des Bw Regensburg mit einem stilrein aus „Silberlingen" zusammengestellten Nahverkehrszug unterwegs in Richtung Oberstraubing, um von dort ihre Fahrt in Richtung Landshut fortzusetzen.

△ **Bild 143 –** Der Frankenwald lag für Lutz Hornung zum Fotografieren strategisch äußerst günstig. Im Zusammenhang mit den Familienbesuchen in Bayern unternahm er des Öfteren auf der Hin- und Rückfahrt einen Abstecher zur Frankenwaldrampe. Ob er am 7. April 1977 wohl gezielt mit dem Wissen, was für eine besondere Lokomotive ihn erwarten wird, nach Steinbach am Wald gefahren ist? Mit einem Schnellzug aus Berlin (West), den sie im Genzbahnhof Probstzella übernommen hat, ist 119 001 (ex E19 01) auf der Fahrt nach München. Es waren die letzten Einsatzmonate der Lok: Am 5. September jenes Jahres wurde sie beim Bw Nürnberg Hbf z-gestellt und im November ausgemustert. Heute kann E19 01 im Deutschen Technik-Museum in Berlin besichtigt werden.

△ **Bild 144** – Die Altbau Ellok 116 009 des Bw Freilassing wirkt mit ihrem Buchli Antrieb schon exotisch. Auf der Antriebsseite sind die Ritzelkästen des Großrades gut zu erkennen. Die andere Lokseite wirkt dagegen eher kahl, sieht man doch nur die Speichenräder. Die Aufnahme entstand am 17. August 1977 im Bahnhof Rosenheim. Zwei Jahre später wurde diese Lok in Freilassing z-gestellt und im Januar 1980 ausgemustert. Seit 1980 in Privateigentum, befindet sich E16 09 seit 2021 als Leihgabe in Leipzig.

△ **Bild 145** – In der Nordeinfahrt von Pressig-Rothenkirchen waren noch lange die Fahrleitungsanlagen aus der Vorkriegszeit in Nutzung. Am 7. April 1977 erreichte 144 070 (Bw Würzburg), mit einem Nahverkehrszug aus Richtung Lichtenfels kommend, den Bahnhof am Fuß der Frankenwaldrampe nach Steinbach am Wald (– Probstzella).

△ **Bild 146** – Fast zeitlos elegant wirkten die Schnellzug-Elloks der Baureihe E 18. Am 25. Oktober 1974 ließ 118 051 des Bw Würzburg mit ihrem D 757 den Bahnhof Regensburg Ost am km 135,7 schnell hinter sich.

△ **Bild 147** – Wenn auch etwas versteckt gelegen, hat Lutz Hornung das durchaus idyllisch gelegene Einfahrsignal des Bahnhofes Regensburg Prüfening an der Strecke in Richtung Nürnberg gefunden und seine dortigen Aufnahmen mit „Waltershofen" bezeichnet. Der kleine Vorort von Regensburg befindet sich auf der Nordseite der Donau unmittelbar gegenüber von seiner Fotostelle. Hier begegnete ihm am 20. Mai 1975 die Würzburger 118 018 mit einem Nahverkehrszug.

Bild 148 ▷
Im Rangierdienst auf dem Münchner Hauptbahnhof war am 23. August 1970 noch die Altbau-Ellok 132 101 anzutreffen. Sie übernahm allerdings nur das Bereitstellen bzw. das Abziehen der Leerwagenparks vom Hauptbahnhof in Richtung Pasing.

Bild 149 ▷
Gleich zwei Vertreterinnen der DB-Einheits-Güterzuglokbaureihen vor einem Nahverkehrszug war wirtschaftlich sicher nicht darstellbar. Meistens fanden solche Vorspannfahrten aus umlauftechnischen Gründen statt. Aufgenommen wurde dieser illustre Zug aus einem BD4yg- und drei yl-Mitteleinstiegswagen, bespannt mit 140 108 und der Vorspannlok 150 036 vom Bw Nürnberg Gbf, in der Ausfahrt von Regensburg Ost. Lutz Hornung hielt diesen Zug am 22. April 1975 bildlich fest.

△ **Bild 150 –** Die BD München war Mitte der siebziger Jahre dafür bekannt, noch viele alte Ellok-Baureihen im Einsatz zu haben. So bestand am 8. August 1977 sogar noch die Möglichkeit, bei Augsburg-Oberhausen die 117 106 vor einer stilreinen y4g-Einheit aufzunehmen. Das Bw Augsburg war seit 1967 das „Auslauf-Bw" für die Baueihe E 17 bei der Bundesbahn.

△ **Bild 151 –** Üblicherweise war davon auszugehen, die Baureihe E 44^5 in ihrem „natürlichen Einsatzgebiet" im Berchtesgadener Land anzutreffen. Entsprechend untypisch wurde 144 509 des Bw Freilassing mit einem Güterzug am 3. September 1975 östlich von München bei Vaterstetten aufgenommen.

△ **Bild 152 –** Am 18. August 1977 nahm Lutz Hornung die als letzte E18 erst 1955 in Dienst gestellte 118 055 vor einem D-Zug bei Obertraubling auf. Warum trotz doppelter Schleifleiste beide Stromabnehmer vom Typ SBS 39 am Draht waren, lässt sich heute nicht mehr in Erfahrung bringen. Auffällig ist auch die Ausstattung der Lok mit neuen Verschleißpufferbohlen.

△ **Bild 153 –** Der Einsatz von Stangen-Elloks war in den siebziger Jahren – abgesehen von den kleinen Rangier-Elloks der Baureihen 160 und 163 – nicht mehr alltäglich. Am 21. Oktober 1970 hat Lutz Hornung noch 175 061 (ex E 75 61) im Bw Hannover Hgbf fotografiert. Hinter ihr war 152 016 so unfotogen abgestellt, dass eine Aufnahme dieser Lok unterblieb.

△ **Bild 154** – Sehr auffällig wirkten die drei E 18, die bei der Bundesbahn noch eine ozeanblau-beige Lackierung erhielten. Die im ozeanblau-beigen-Lack mit „rausgebauten" Lampen fahrende 118 013 verlässt am 5. August 1977 mit einem langen Schnellzug mit Post- und Gepäckwagen sowie zahlreichen „Silberlingen" Augsburg-Oberhausen.

△ **Bild 155 –** Eine herrliche Garnitur aus Vorkriegswagen nebst einem MDy-Behelfspackwagen hatte 116 004 (Bw Freilassing) am 3. September 1975 bei Vaterstetten am Haken. Die rechte Lokseite der E 16 wirkte, aufgrund des Buchli-Antriebs auf der linken Lokseite, ziemlich „kahl". Markant sticht der Siemens-Fahrzeugmagnet der Indusi-Bauart I 60 hervor.

△ **Bild 156 –** Im Lokumlauf des Bw Freilassing befand sich 116 001 am 3. September 1975 auf der Fahrt nach München, hier aufgenommen in Vaterstetten. Die Lok ist mit Stromabnehmern der Bauart SBS 10 mit Doppelwippe ausgestattet. Die Lok wird, wie auch 116 004 auf der vorherigen Seite, im Verlauf des Jahres 1976 ihr aktives Lokomotivleben beenden.

△ **Bild 157 –** Am Fuß der Frankenwaldrampe in Pressig-Rothenkirchen wartet E 91 11 am 13. Mai 1967 auf ihre nächste Schubleistung hinauf nach Steinbach am Wald. Die 1924 von Krauss und der SSV gelieferte Lok besitzt zwei SBS 10-Stromabnehmern mit einfacher Schleifleiste.

△ **Bild 158 –** Einen langen Güterzug beförderte 194 050 am 20. Mai 1975 von Regensburg nach Nürnberg Rbf, aufgenommen beim Passieren des Einfahrtsignals des Bahnhofs Regensburg-Prüfening. Die Lok besitzt zwei Stromabnehmer der Bauart SBS 39 und noch die großen Einheitsloklaternen auf der Pufferbohle. Ausgemustert wurde sie am 30. September 1984.

△ **Bild 159 –** Im Schiebedienst über die Geislinger Steige standen viele Jahre die Altbau-Elloks der Baureihen 193 und 194 im Einsatz. Im Bahnhof Geislingen warten 193 004 und 194 039 am 6. August 1977 auf ihre nächste Schubleistung über den Albaufstieg hinauf nach Amstetten.

△ **Bild 160 –** Einträchtig warten am 21. August 1974 die Würzburger 118 021 und 194 032 im Regensburger Hauptbahnhof auf ihre nächste Zugleistung. Beide Loks besitzen jeweils den SBS-39-Stromabnehmer mit Doppelwippe.

△ **Bild 161 –** In frischem Blau erstrahlt 118 038 des Bw Würzburg am 21. August 1974 im Regensburger Hauptbahnhof. Auffällig sind die neuen kleinen Frontlampen der DB-Bauart. Den langen D-Zug wird sie nach Passau bringen. 118 038 stand noch bis April 1978 im Einsatz.

△ **Bild 162 –** Den heute völlig umgebauten und zum Haltepunkt degradierten Bahnhof Tamm erreicht am 7. August 1980 die Stuttgarter 144 043 mit einem Nahverkehrszug. Die Lok besitzt zwei SBS-39-Stromabnehmer mit Einfachschleifleiste. Noch knapp anderthalb Jahre war 144 043 im Bestand des Bw Stuttgart, dann wechselte sie im Februar 1982 zum Bw Würzburg, wo die Lok nach nur wenigen Monaten Einsatzzeit im September 1982 z-gestellt wurde.